AF607412

Lección inaugural
2024_2025

EL CONVENIO STCW. LOS MARINOS SON UNIVERSIDAD

Rubén González Rodríguez
Catedrático del Departamento de Ciencia y Tecnología Náutica

D. L.: AS 2006-2024
I.S.B.N.: 978-84-10135-28-4
Imprime: Servicio de Publicaciones
Diseña: Oficina de Comunicación
Universidad de Oviedo

¿Queréis entregaros al terrible Océano que brama a vuestra vista? La sabiduría levantará sobre sus abismos una morada firme y segura, y os enseñará a conducirla a los extremos de la tierra. Ella pondrá en vuestra mano la llave de los vientos, y haciéndoos leer en el cielo los rumbos que debéis seguir sobre las ondas, os enseñará a triunfar de peligros y tempestades. Mientras el astro del día alumbrare los climas que están bajo de vuestros pies, os mostrará la estrella de los navegantes velando sobre vuestras cabezas, y si las tinieblas la robaren a vuestros ojos, pondrá en vuestra mano un instrumento débil, pero maravilloso, que os señalará continuamente los polos sobre que gira el mundo. Así surcaréis seguros los anchos mares, y así conduciréis a las regiones más remotas el pacífico negociante que buscare en ellas la recompensa de vuestro sudor. Y si tal vez el deseo de fama y nombradía hinchare vuestros corazones, así también subiréis a la gloria inmortal que hoy ilustra los nombres célebres de Colón; Magallanes, de Cook y Malaspina.

Gaspar Melchor de Jovellanos
7/1/1794
Oración Inaugural del Real Instituto Asturiano de Náutica y Mineralogía

1

Introducción

"Existen tres tipos de personas: los vivos, los muertos y los que se hacen a la mar"; esta frase atribuida a Anacarsis, filósofo escita del siglo VI a.c [1] (si bien no está muy clara su autoría que incluso se atribuye a Aristóteles), pone de manifiesto la especial consideración que desde tiempos inmemoriales han tenido los marinos.

La historia de la civilización humana está profundamente entrelazada con el mar. Desde los primeros tiempos, los marinos han desempeñado un papel crucial en la exploración, el comercio, y la expansión cultural. Los océanos y mares han sido vías de comunicación y transporte que han permitido el intercambio de bienes, ideas y tecnologías, moldeando el curso de la historia de manera significativa.

La navegación es una de las habilidades más antiguas de la humanidad. Los primeros marinos comenzaron a aventurarse en el mar hace miles de años, utilizando embarcaciones rudimentarias como balsas y canoas. Las primeras evidencias de navegación marítima datan de alrededor del 50.000 a.c., cuando los humanos cruzaron el estrecho de Torres entre Asia y Australia [2].

Muchas de las primeras civilizaciones surgieron en regiones costeras y fluviales, donde el acceso al agua facilitaba el comercio y el transporte. Entre estas civilizaciones destacan los fenicios, los minoicos y los egipcios.

Posteriormente, durante la antigüedad clásica, las civilizaciones griega y romana expandieron sus horizontes marítimos, contribuyendo significativamente al desarrollo de la civilización occidental. En la literatura griega podemos encontrar infinidad de referencias que reflejan la importancia del mar en su cultura [3], como gran ejemplo podemos nombrar la "Odisea" de Homero.

Los romanos, por su parte, construyeron una vasta red de rutas marítimas que conectaban su imperio. Utilizaron su poder naval para mantener la paz y el comercio, y su dominio del mar Mediterráneo, conocido como “Mare Nostrum”, fue crucial para la prosperidad del Imperio Romano [4].

“Navigare necesse est. Vivere non est necesse” (navegar es necesario, vivir no lo es). La cita, atribuida en este caso por Plutarco a Pompeyo, pone de manifiesto esta importante dependencia del transporte y comercio marítimo en el devenir del Imperio.

Plutarco cuenta que marineros y pilotos de una flota comandada por Pompeyo se resistían a emprender viaje a causa del mal tiempo. Transportaban una carga de trigo que la capital del imperio necesitaba con urgencia. El comandante zanjó la cuestión con la frase aludida, anteponiendo el interés de Roma por encima de la conveniencia, e incluso de la vida, de cada individuo [5].

Figura 1. Navegar es necesario, vivir no lo es.

La frase se convirtió en lema de instituciones y de empresas: desde la Liga hanseática, que la grabó en los muros del puerto de Bremen, hasta la marina de Castilla, y no pocas instituciones educativas [6].

La Edad Media fue una época de cambio y transformación en el ámbito marítimo. Los vikingos, originarios de Escandinavia, fueron algunos de los exploradores más audaces de esta era. Entre los siglos VIII y XI, los vikingos realizaron incursiones, exploraciones y asentamientos en gran parte de Europa, las islas del Atlántico Norte y América del Norte.

La Era de los Descubrimientos, que se extendió desde el siglo XV hasta el XVII, fue un período crucial en la historia marítima. Durante este tiempo, los marinos europeos emprendieron viajes de exploración que cambiarían el mundo para siempre.

En 1492, Cristóbal Colón, navegando bajo la bandera de España, llegó al continente americano, marcando el comienzo de una nueva era de exploración y colonización. Su viaje demostró la viabilidad de rutas transatlánticas y abrió el camino para la expansión europea en el Nuevo Mundo.

En 1498, Vasco da Gama, un navegante portugués, llegó a la India por la ruta del Cabo de Buena Esperanza. Este logro estableció una ruta marítima directa entre Europa y Asia, revolucionando el comercio mundial.

Fernando de Magallanes, al servicio de España, lideró en 1519 la expedición para alcanzar las Indias Orientales atravesando el Pacífico para abrir una ruta comercial. Esta expedición, en la que Magallanes murió en 1521 en Filipinas, se convirtió en la primera circunnavegación de la Tierra cuando una de sus naos, capitaneada por Juan Sebastián Elcano, regresó a España en 1522 [7]. Un hito, para la época, que algunos comparan con la llegada del hombre a la luna.

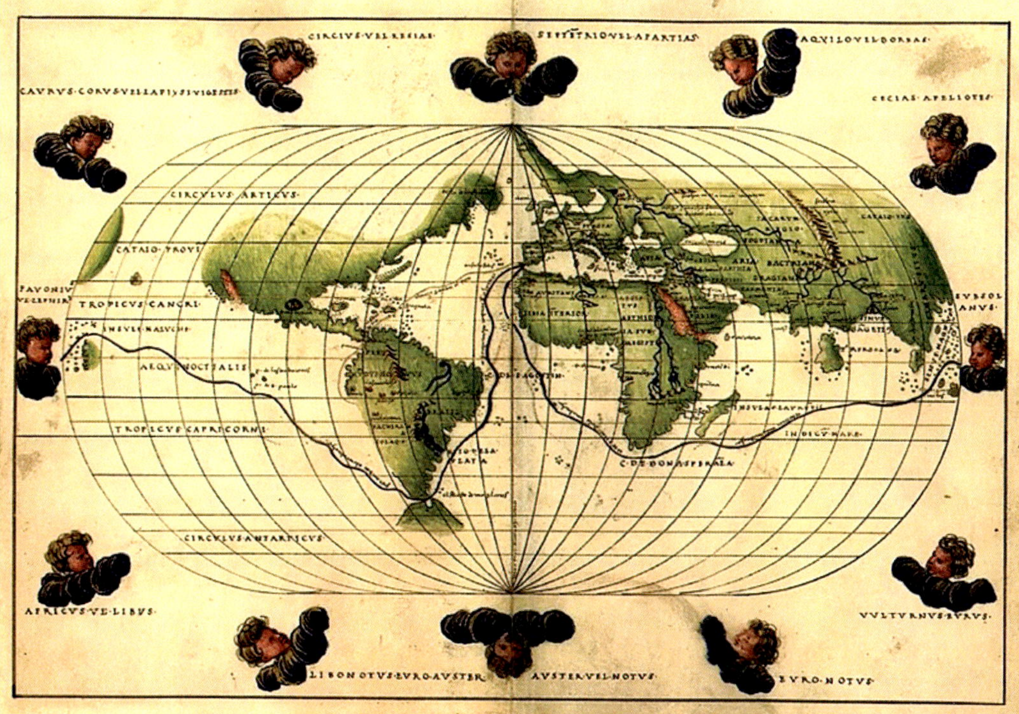

Figura 2. Atlas portulano de Battista Agnese que describe la ruta de la expedición de Magallanes y Elcano 1544.

El comercio marítimo ha sido un motor esencial del desarrollo económico a lo largo de la historia. Desde las primeras rutas comerciales hasta las modernas cadenas de suministro globales, los marinos han facilitado el intercambio de bienes y recursos entre las civilizaciones.

La Ruta de la Seda Marítima fue una ruta comercial que conectaba Asia, África y Europa, transportando mercancías valiosas como seda, especias y porcelana. Los marinos desempeñaron un papel crucial en el mantenimiento de esta red, que contribuyó al intercambio cultural y económico entre Oriente y Occidente.

Durante la Edad Moderna, compañías comerciales como la Compañía Holandesa de las Indias Orientales y la Compañía Británica de las Indias Orientales establecieron vastas redes de comercio marítimo que conectaban Europa con Asia, África y América. Estas compañías no solo facilitaban el intercambio de bienes, sino que también desempeñaban un papel importante en la expansión colonial y el establecimiento de imperios comerciales.

La Revolución Industrial en el siglo XIX transformó radicalmente el comercio marítimo. La introducción de barcos de vapor revolucionó la navegación marítima [8]. Los barcos de vapor eran más rápidos y fiables que los barcos de vela, lo que permitió un comercio más eficiente y el desarrollo de nuevas rutas comerciales. Por otra parte, la construcción de canales como el de Suez, inaugurado en 1869, que conectó el Mar Mediterráneo con el Mar Rojo, reduciendo drásticamente la distancia de viaje entre Europa y Asia, y el de Panamá, que conectó el Océano Atlántico con el Océano Pacífico, facilitando el comercio entre las costas este y oeste de América, facilitaron el transporte de mercancías y redujeron los tiempos de viaje.

Los marinos han sido, además, vehículos fundamentales para la difusión de ideas, tecnologías y culturas a lo largo de la historia. A través del comercio y la exploración, los marinos facilitaron el intercambio de ideas y culturas entre diferentes civilizaciones. Esto se puede observar en la difusión de la escritura, las religiones y las tecnologías. El Renacimiento en Europa fue impulsado en parte por el intercambio cultural con el mundo islámico y oriental [9], facilitado por las rutas comerciales marítimas. Los marinos trajeron consigo conocimientos en matemáticas, astronomía y medicina que influyeron en el desarrollo de la ciencia y la tecnología en Europa.

Queda claro, por tanto, que el transporte marítimo ha sido un pilar fundamental del comercio mundial desde tiempos inmemoriales, y en la actualidad, su importancia no ha disminuido; al contrario, ha crecido exponencialmente en un mundo globalizado. Factores como el progresivo crecimiento de los buques y su especialización, el desarrollo de economías de escala, los dos tipos de servicio de transporte: tramp y línea regular, la construcción de terminales de gran capacidad junto con la eficiencia energética, la agrupación de navieras, la integración vertical de los servicios y la estandarización de la carga, han favorecido el abaratamiento del transporte marítimo, el uso del transporte intermodal y la intensificación del comercio internacional.

2

El transporte marítimo en la actualidad

El transporte marítimo es la columna vertebral del comercio internacional y uno de los principales motores de la economía global. Se estima que más del 50 % del valor y el 80 % del volumen del comercio internacional se realiza por vía marítima [10], lo que subraya su papel crucial en la conexión de mercados y en la distribución de bienes y recursos a nivel planetario. Desde materias primas hasta productos manufacturados, el transporte marítimo facilita el intercambio de mercancías entre naciones, promoviendo el crecimiento económico, la creación de empleos y el desarrollo.

Lamentablemente, no siempre somos conscientes de la importante influencia del comercio marítimo, y sólo acontecimientos como las restricciones en las entradas de buques en puertos derivadas de la pandemia de COVID-19, el reciente cierre del Canal de Suez debido al accidente del buque Ever Given o los recientes ataques hutíes en el Mar Rojo, que provocan innumerables retrasos en las rutas entre Asia y Europa e incluso la necesidad de aumentar las travesías en más de 7.000 millas para doblar el Cabo Buena Esperanza, ponen de manifiesto el importante papel que el comercio marítimo juega en la economía mundial.

No obstante, el comercio marítimo experimentó un crecimiento del 3% durante 2023, y según el informe de ese mismo año de la Conferencia de las Naciones Unidas sobre el Comercio y el Desarrollo (UNCTAD) se prevé un crecimiento constante anual de aproximadamente el 2% a medio plazo entre 2024 y 2028 [11].

El progresivo crecimiento del transporte marítimo lleva de la mano el aumento de la flota mundial, que no siempre crece homogéneamente en todos los tipos de transporte, pero que en el 2023 registraba cerca de 105.493 buques mercantes, con un arqueo bruto superior a las 100 toneladas. La UNCTAD denotó un crecimiento de casi el 3 % en el 2022, siendo los gaseros los buques más demandados seguidos de los portacontenedores y los graneleros [10].

Estos buques son activos técnicamente sofisticados y de gran valor (la construcción de los buques de alta tecnología más grandes puede costar más de 200 millones de dólares), y la explotación de buques mercantes genera unos ingresos anuales estimados en más de medio trillón de dólares en concepto de fletes [12].

La flota mundial actual se encuentra registrada en más de 150 naciones y emplea a cerca de dos millones de marinos de prácticamente todas las nacionalidades, reflejando una gran fuerza laboral global y creciente demanda [13].

Los marinos son los responsables del correcto funcionamiento, mantenimiento y explotación de la flota. Es decir, vitales para el sector y por ende para la economía. Lo anterior también se puso de manifiesto durante la pandemia de COVID-19, cuando la Asamblea General de la Naciones Unidas instó a declarar a los marinos como trabajadores esenciales a fin de poder mantener las cadenas de suministro.

Otro ejemplo de su importancia es su aportación a sus economías nacionales. Como ejemplo, en 2022, en Filipinas, los marinos representaron el 1,8% del PIB nacional y en EE.UU., el sector contribuyó con 432.000 millones de dólares a la economía nacional, alrededor del 2% de su PIB [14]. De hecho, el PIB mundial anual también depende fundamentalmente del rendimiento del transporte marítimo [15], como se puede apreciar en la Figura 3.

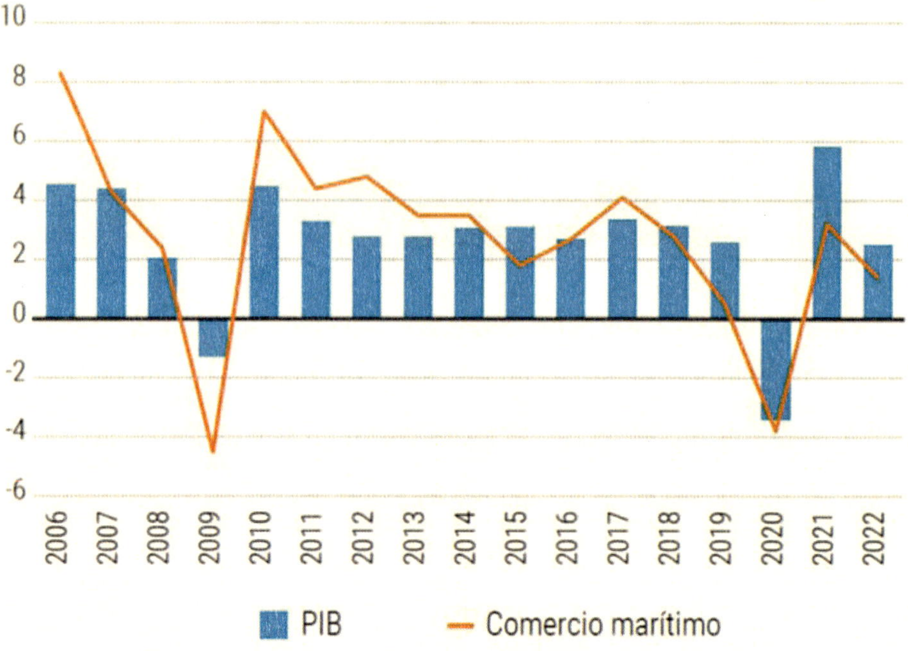

Figura 3. Comercio marítimo internacional y producto interno bruto (PIB) mundial (variación porcentual anual). Fuente: Secretaría de la UNCTAD.

La Unión Europea (UE) tampoco es ajena a la importancia del sector marítimo, ni a todo lo relacionado con la Economía azul, que ha definido como fundamental para el desarrollo económico de la Unión. Así mismo, ha diseñado estrategias a medio y largo plazo para apoyar el crecimiento sostenible de los sectores marino y marítimo en su conjunto.

En números, y teniendo en cuenta lo que la UE define como sectores establecidos (turismo costero, pesca, actividad portuaria, trasporte marítimo, construcción naval y energías renovables marinas), la Economía Azul supuso, en el 2021, 624.000 millones de euros de facturación, 3,6 millones de empleos y 171.000 millones en términos de valor añadido bruto. El 45 % de estos 171.000 millones corresponden al turismo costero, mientras que el transporte marítimo y sus sectores conexos (construcción y reparación naval y actividades portuarias) suman alrededor del 40 % del valor añadido bruto [16].

En el caso de España, las cifras se corresponden. Si bien el turismo costero tiene un mayor impacto porcentual en la economía, el transporte marítimo y sus sectores conexos son el segundo sector de la economía azul con mayor impacto.

La importancia marítima de España está claramente marcada por su posición geográfica y por disponer, en su territorio peninsular, de un frente marítimo de 4.872 kilómetros de costa, a los que hay que añadir 3.011 kilómetros de costas insulares.

En 2022 fueron España, los Países Bajos y Bélgica las economías europeas más conectadas, según el Índice de Conectividad del Transporte Marítimo de Línea (que indica la integración de un país en las redes mundiales de transporte marítimo) [10]. Así mismo, las tres cuartas partes de los turistas de cruceros en Europa pasan por los puertos de Italia, España y Alemania [16]. España tiene, además, tres puertos (Algeciras, Valencia y Barcelona) entre los diez más importantes de Europa.

A la vista de todo lo anterior, el conjunto del sector marítimo español debe contribuir de manera de manera destacada a la creación de riqueza en España, y ello depende extraordinariamente de la vocación marítima del país [17].

De la misma forma, no podemos dejar de destacar el importante potencial de la Economía Azul en nuestra región. Asturias cuenta con más de 300 km de costa, una destacada industria de construcción naval, una importante tradición pesquera, centros de formación e investigación en todos los sectores de la economía azul y empresas vinculadas, directa o indirectamente, a todos esos sectores. Tiene, además, centros de referencia en formación marítima, y un total de 26 puertos o instalaciones portuarias, siendo dos de ellos Gijón y Avilés, puertos de interés general [18].

Por todo lo anterior, creemos que todas la iniciativas tendentes a poner en valor y pontenciar la economía azul (como ejemplo de algunas que nos son cercanas podemos poner la de Gijón Azul o la creación de un Campus de Mar, planteado por el equipo rectoral en sus planes estratégicos) parecen no sólo adecuadas, sino también oportunas.

3

Necesidad de una normativa uniforme en una industria marítima global

El transporte marítimo ha sido una piedra angular del comercio mundial y una fuente crucial de desarrollo económico. Sin embargo, el mar también presenta riesgos significativos para la seguridad y el medio ambiente; como muchos famosos desastres marítimos se han encargado de recordarnos.

Por otra parte, y dado el carácter intrínsecamente internacional del transporte marítimo, con tripulaciones de múltiples nacionalidades, barcos registrados bajo diferentes banderas y navegando por todo el mundo, se hizo necesaria una normativa uniforme aceptada a nivel internacional.

Actualmente la Organización Marítima Internacional (OMI), como organismo especializado de las Naciones Unidas, es la autoridad mundial encargada de establecer normas para la seguridad, la protección y el comportamiento ambiental que ha de observarse en el transporte marítimo internacional. Su función principal es establecer un marco normativo para el sector del transporte marítimo que sea justo y eficaz, y que se adopte y aplique en el plano internacional.

Son muchos los reglamentos y normativas que rigen actualmente el transporte marítimo, pero son cuatro los convenios considerados como los pilares fundamentales de la regulación marítima internacional (los convenios SOLAS, MARPOL, MLC y STCW), cada uno abordando aspectos críticos para la seguridad, el medio ambiente y el bienestar de la gente de mar. Juntos, estos convenios han transformado el paisaje marítimo, estableciendo estándares que han salvado innumerables vidas, protegido el medio ambiente marino y mejorado las condiciones de trabajo de la gente de mar.

Convenio internacional para la seguridad de la vida humana en el mar (SOLAS)

El Convenio SOLAS (Safety of Life at Sea) es quizás el más conocido y significativo en la historia de la regulación marítima internacional. La primera versión del convenio fue adoptada en 1914, en respuesta directa al desastre del RMS Titanic en 1912, donde más de 1.500 personas perdieron la vida. Este trágico evento reveló serias deficiencias en las prácticas de seguridad y llevó a la comunidad internacional a buscar soluciones para evitar futuras tragedias.

El Convenio de 1914 introdujo requisitos esenciales como la disponibilidad de suficientes botes salvavidas para todos los pasajeros y tripulantes, ejercicios de simulacro de evacuación, y el establecimiento de rutas seguras en el Atlántico Norte.

Posteriormente, se adoptaron versiones revisadas en 1929 y 1948, pero la versión más significativa fue la de 1960, la primera adoptada bajo los auspicios de la recién formada Organización Marítima Internacional (OMI). Esta versión fue actualizada considerablemente en 1974, y sigue siendo la base del convenio vigente hoy en día, con numerosas enmiendas y actualizaciones a lo largo de los años.

El objetivo primordial de SOLAS es especificar las normas mínimas para la construcción, el equipamiento y el funcionamiento de los buques, compatibles con su seguridad. Algunas de las áreas clave que cubre SOLAS incluyen [19]:

- Medidas de Seguridad del Buque: Establece normas para la construcción y el diseño de buques, incluyendo requisitos para compartimientos estancos, protección contraincendios y equipo de salvamento.

- Equipamiento de Seguridad: Especifica el equipamiento que los buques deben llevar, como botes salvavidas, chalecos salvavidas, radios y otros equipos de emergencia.

- Navegación Segura: Incluye disposiciones sobre la correcta planificación del viaje, sistemas de identificación automática (AIS) y equipos de navegación.

- Seguridad en Radiocomunicaciones: Establece la necesidad de equipos de radiocomunicaciones adecuados para garantizar la seguridad en el mar, como el Sistema Mundial de Socorro y Seguridad Marítima (GMDSS, Global Maritime Distress and Safety System).

- Transporte de mercancías peligrosas: Describe las cargas que debido a los riesgos particulares que entrañan para los buques y las personas a bordo, puedan requerir precauciones especiales. En sus reglas se establecen prescripciones relativas a la estiba y sujeción de dichas cargas.

- Medidas para la Protección de la Vida Humana en el Mar: Estas medidas incluyen la necesidad de simulacros de emergencia y entrenamiento regular de la tripulación en procedimientos de emergencia.

Convenio internacional para prevenir la contaminación por los buques (MARPOL)

El Convenio MARPOL, es la principal regulación internacional que aborda la prevención de la contaminación marina causada por buques. El convenio fue adoptado inicialmente en 1973, y enmendado posteriormente en varias ocasiones.

Los orígenes de MARPOL (MARine POLlution) están enraizados en la creciente preocupación por los derrames de petróleo y otros contaminantes en el mar. Las décadas de 1960 y principios de 1970 fueron testigos de varios desastres ambientales importantes, como el derrame del Torrey Canyon en 1967, que subrayaron la necesidad urgente de regulaciones internacionales para prevenir la contaminación marítima.

El objetivo de MARPOL es prevenir y minimizar la contaminación del medio marino por los buques debido a la descarga accidental o rutinaria de contaminantes. El convenio cubre seis anexos principales que abordan diversos tipos de contaminación [20]:

- Anexo I: Prevención de la Contaminación por Hidrocarburos: Establece reglas estrictas para la descarga de hidrocarburos y exige que los buques tengan tanques de doble fondo para minimizar el riesgo de derrames en caso de colisión o encallamiento.
- Anexo II: Control de la Contaminación por Sustancias Nocivas Líquidas a Granel: Regula la descarga de sustancias químicas peligrosas transportadas en buques tanque.
- Anexo III: Prevención de la Contaminación por Sustancias Nocivas Transportadas por Mar en Contenedores: Incluye normas para el embalaje, etiquetado y documentación de sustancias peligrosas.
- Anexo IV: Prevención de la Contaminación por Aguas Sucias de los Buques: Regula la descarga de aguas residuales y exige sistemas de tratamiento adecuados a bordo.
- Anexo V: Prevención de la Contaminación por Basura de los Buques: Prohíbe la descarga de plásticos y regula la eliminación de otros tipos de basura.
- Anexo VI: Prevención de la Contaminación del Aire por los Buques: Establece límites a las emisiones de óxidos de azufre (SOx), óxidos de nitrógeno (NOx) y otros contaminantes del aire provenientes de los buques.

El Convenio sobre el Trabajo Marítimo (MLC)

El Convenio MLC (Maritime Labour Convention) fue adoptado en 2006 por la Organización Internacional del Trabajo (OIT). A menudo se la denomina la "Carta de Derechos" de los marinos. MLC consolidó y actualizó más de 60 convenios y recomendaciones internacionales de trabajo marítimo en un solo documento coherente.

La convención surgió de la necesidad de mejorar las condiciones de trabajo y de vida de la gente de mar, un sector que a menudo enfrentaba condiciones difíciles y desiguales en diferentes partes del mundo. La MLC buscó abordar estas desigualdades y garantizar un trato justo para todos los marinos.

El objetivo de la MLC es garantizar que todos los marinos tengan condiciones de trabajo decentes. Los aspectos clave incluyen [21]:

- Condiciones de Empleo: Establece requisitos mínimos para los contratos de empleo, las horas de trabajo y descanso, y el pago de salarios.
- Alojamiento y Alimentación: Define estándares para el alojamiento, la alimentación y

el suministro de agua potable a bordo.

- Protección de la Salud y Seguridad: Incluye disposiciones sobre la protección de la salud, la atención médica a bordo y en tierra, y las medidas de seguridad en el trabajo.
- Bienestar Social: Promueve el bienestar social de los marinos, incluyendo el acceso a servicios de recreación y la comunicación con sus familias.
- Repatriación: Establece el derecho de los marinos a ser repatriados a su país de origen en ciertas circunstancias, a cargo del empleador.

Convenio Internacional sobre Normas de Formación, Titulación y Guardia para la Gente de Mar (Convenio STCW)

4.1. *Historia y objetivos del Convenio*

La necesidad de establecer normas internacionales para la formación y titulación de la gente de mar se hizo evidente a medida que el comercio marítimo internacional creció y se volvió más complejo. Antes de la existencia de un marco regulatorio unificado, cada país tenía sus propios requisitos y estándares, lo que a menudo resultaba en inconsistencias y variaciones significativas en la competencia de los marinos. Estas disparidades planteaban riesgos para la seguridad marítima y la protección del medio ambiente marino.

En respuesta a estos desafíos, la OMI comenzó a trabajar en un convenio internacional que pudiera armonizar y elevar los estándares de formación y certificación de la gente de mar. Este esfuerzo culminó en 1978 en una conferencia organizada por la OMI en Londres y con la adopción del Convenio Internacional sobre Normas de Formación, Titulación y Guardia para la Gente de Mar (STCW, Standards of Training, Certification and Watchkeeping), que entró en vigor el 28 de abril de 1984 [22].

El Convenio STCW de 1978 fue el primer acuerdo internacional que estableció normas mínimas para la formación, certificación y vigilancia de la gente de mar a nivel internacional. Su objetivo principal era mejorar la seguridad marítima y proteger el medio ambiente marino mediante la creación de requisitos uniformes para los marinos de todos los países miembros.

Los aspectos clave del Convenio STCW de 1978 incluyen:

- Formación y Competencia: Se establecieron normas para la formación y competencia de los marinos, abarcando diferentes categorías de personal a bordo, desde oficiales de cubierta y de máquinas hasta personal de apoyo.

- Certificación: El convenio requería que los marinos obtuvieran certificados de competencia tras completar su formación y experiencia. Estos certificados eran emitidos por las autoridades competentes de los Estados miembros.

- Guardia: Se establecieron requisitos específicos para la vigilancia y el régimen de guardia a bordo de los buques para asegurar que siempre hubiera personal competente disponible para operar el buque de manera segura.

- Formación y Entrenamiento Continuos: Promueve la necesidad de educación y entrenamiento continuos para adaptarse a los avances tecnológicos y las nuevas regulaciones.

- Reconocimiento Mutuo: Los Estados miembros acordaron reconocer mutuamente los certificados de competencia emitidos por otros Estados miembros, facilitando así la movilidad de la gente de mar a nivel internacional.

A pesar de su importancia, el Convenio STCW de 1978 tenía ciertas limitaciones. La implementación y la supervisión del cumplimiento dependían en gran medida de los Estados miembros, lo que resultaba en variaciones en la aplicación y el control de las normas [23].

Con el propósito de mantenerlo actualizado y adaptado a los avances tecnológicos y las nuevas necesidades del sector marítimo, dicho Convenio ha sido enmendado desde el año 1991, en numerosas ocasiones, destacando entre ellas como las más importantes, las Enmiendas de Londres 1995 y las Enmiendas de Manila 2010.

Enmiendas de 1995

A finales de la década de los 80, quedó claro que el STCW-78 no estaba logrando su objetivo de mejorar las normas profesionales en todo el mundo y por ello, los miembros de la OMI decidieron enmendarlo. Las enmiendas de 1995 se adoptaron mediante la resolución 1 de la Conferencia de las Partes en el Convenio Internacional sobre Normas de Formación, Titulación y Guardia para la Gente de Mar (Conferencia STCW), que fue convocada por la Organización Marítima Internacional y se reunió en la sede de la Organización en 1995. El Convenio en su forma enmendada pasó a llamarse el STCW-95.

Estas enmiendas entraron en vigor el 1 de febrero de 1997 y abordaron varias deficiencias del convenio original, introduciendo mejoras sustanciales en varias áreas clave:

- Código STCW: Se introdujo el Código STCW, un documento complementario al convenio que proporciona detalles técnicos y especificaciones para su implementación. El código se divide en dos partes: Parte A (obligatoria) y Parte B (recomendada).

- Evaluación de Competencia: Se reforzaron los procedimientos para la evaluación de la competencia de los marinos, asegurando que la formación y las evaluaciones fueran más rigurosas y estandarizadas.

- Responsabilidad del Estado del Pabellón: Se clarificaron las responsabilidades de los

Estados del Pabellón en la supervisión de la formación y certificación de su gente de mar, incluyendo auditorías periódicas para garantizar el cumplimiento.

- Control por el Estado Rector del Puerto: Se fortalecieron las medidas de control por el Estado Rector del Puerto, permitiendo a los Estados inspeccionar y verificar los certificados de competencia y la formación de la tripulación de los buques que ingresan a sus puertos.
- Formación en Seguridad: Se introdujeron requisitos de formación en seguridad para todos los marinos, independientemente de su función a bordo, incluyendo la formación en técnicas de supervivencia, prevención de incendios y primeros auxilios.

Enmiendas de 2010

La siguiente revisión importante del Convenio STCW ocurrió en 2010, durante una conferencia diplomática en Manila, Filipinas. Estas enmiendas, conocidas como las Enmiendas de Manila, entraron en vigor el 1 de enero de 2012. Las enmiendas de 2010 fueron diseñadas para abordar los cambios y avances tecnológicos en la industria marítima, así como para mejorar aún más la seguridad y la protección del medio ambiente. Los principales cambios introducidos por las Enmiendas de Manila incluyen:

- Nuevos Estándares de Competencia: Se actualizaron y expandieron los estándares de competencia para reflejar las nuevas tecnologías y prácticas operacionales. Esto incluye formación en el uso de simuladores y el manejo de la carga líquida a granel.
- Requisitos Médicos: Se establecieron normas médicas revisadas para asegurar que la gente de mar sea apta física y mentalmente para el servicio a bordo.
- Actualización y Capacitación Continua: Se implementaron requisitos para la actualización y capacitación continua de los marinos, asegurando que mantengan su competencia y se mantengan al día con los últimos avances en la industria.
- Protección del Medio Ambiente: Se introdujeron requisitos de formación relacionados con la protección del medio ambiente, como la gestión de aguas de lastre y la prevención de la contaminación por hidrocarburos.
- Estándares para Personal No Oficial: Se incluyeron normas de formación y competencia para el personal no oficial, como el personal de cubierta y de máquinas no certificado, reconociendo su papel crucial en la operación segura del buque.

4.2. Estructura del Convenio

La estructura del STCW 2010 consta de dos partes clave: el Convenio en sí y el Código STCW (que incluye una Parte A y una Parte B).

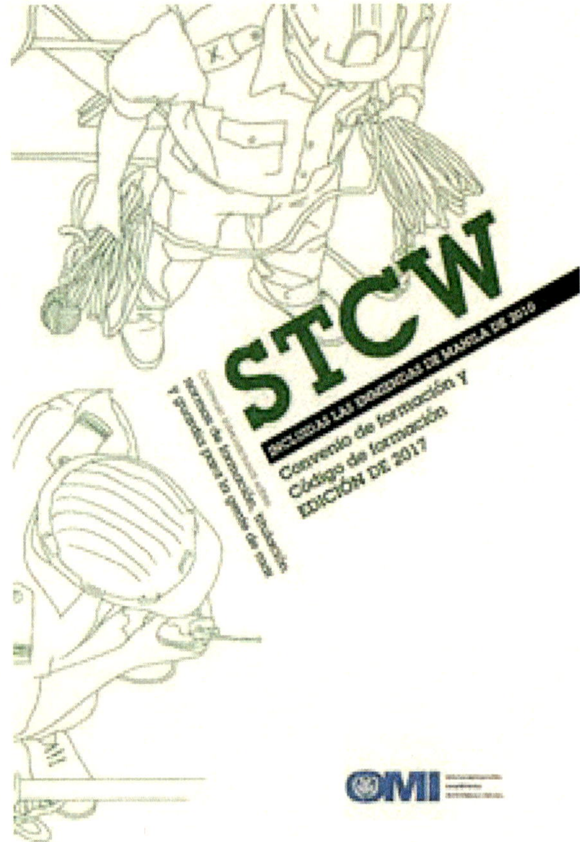

Figura 4. Convenio Internacional sobre normas de formación, titulación y guardia para la gente del mar.

Parte I: El Convenio STCW

El Convenio STCW es el núcleo del marco regulador. Está dividido en 17 artículos que establecen las obligaciones generales de los Estados parte, así como un anexo con los requisitos específicos para la formación, la titulación y la guardia divididos en ocho capítulos que abarcan diferentes áreas de competencia y tipos de embarcaciones.

Capítulo I: Disposiciones Generales

Establece las disposiciones generales, incluyendo las definiciones, obligaciones de las partes, y requisitos para la formación y certificación. También abarca la regulación de la calidad y los procedimientos de evaluación para asegurar la competencia y seguridad en el mar.

Capítulo II: El Capitán y la sección de puente

Establece los estándares de competencia y los requisitos de titulación para los oficiales de puente y capitanes.

Capítulo III: Sección de máquinas

Define las competencias necesarias y los requisitos de titulación para los oficiales de máquinas y jefes de máquinas.

Capítulo IV: Servicio de radiocomunicaciones y radioperadores

Proporciona las normas para la formación y titulación del personal encargado de las radiocomunicaciones a bordo de los buques.

Capítulo V: Requisitos especiales de formación para el personal de determinados tipos de buques

Establece requisitos específicos para la formación y titulación del personal que trabaja en buques especiales, como buques petroleros, gaseros, quimiqueros y buques de pasaje. Así mismo para oficiales y capitanes que operen en aguas polares.

Capítulo VI: Funciones de emergencia, seguridad en el trabajo, protección, atención médica y supervivencia

Incluye normas sobre la formación básica en seguridad para toda la gente de mar, así como formación avanzada en seguridad para el personal encargado de tareas específicas.

Capítulo VII: Titulación alternativa

Proporciona caminos alternativos para la obtención de certificados de competencia para la gente de mar. Estas disposiciones buscan flexibilizar y adaptar la certificación a las necesidades específicas de los marinos y las demandas del sector marítimo.

Capítulo VIII: Guardias

Detalla las normas de guardia y las horas de trabajo y descanso para la gente de mar, complementando las disposiciones del Artículo VIII del Convenio.

Parte II: El Código STCW

El Código STCW complementa el Convenio proporcionando detalles técnicos y especificaciones. Está dividido en dos partes:

Parte A: Normas obligatorias

La Parte A del Código STCW contiene normas obligatorias que deben ser seguidas por todos los Estados Parte. Estas normas se organizan dentro de los ocho capítulos que indica el convenio e indican los niveles de competencia a adquirir por los marinos para desarrollar sus funciones.

Para ello, a partir de las funciones generales de las tripulaciones, desarrolla las competencias a adquirir en lo que el documento denomina Cuadros (Figura 5). Estos se dividen a su vez en cuatro columnas con los siguientes contenidos:

- Columna 1: Competencia.
- Columna 2: Conocimientos, compresión y suficiencia.
- Columna 3: Métodos de demostración de la competencia.
- Columna 4: Criterios de evaluación de la competencia.

Cuadro A-V/1-2-2

Especificación de las normas mínimas de competencia en formación avanzada para operaciones de carga en buques tanque para el transporte de gas licuado

Columna 1	**Columna 2**	**Columna 3**	**Columna 4**
Competencia	**Conocimientos, comprensión y suficiencia**	**Métodos de demostración de la competencia**	**Criterios de evaluación de la competencia**
Capacidad para realizar y supervisar de forma segura todas las operaciones de carga	*Proyecto y características de los buques tanque para el transporte de gas licuado* Conocimientos del proyecto, los sistemas y el equipo de un buque tanque para el transporte de gas licuado, que comprenden: .1 los tipos de buques tanque para el transporte de gas licuado y las construcciones de los tanques de carga .2 la disposición general y la construcción .3 los sistemas de contención de la carga, incluidos los materiales de construcción y aislamiento	Examen y evaluación de los resultados obtenidos en una o varias de las siguientes modalidades formativas: .1 experiencia aprobada en el empleo .2 experiencia aprobada en buque escuela .3 formación aprobada con simuladores .4 programa de formación aprobada	Las comunicaciones son claras, comprensibles y se realizan con éxito Las operaciones de carga se llevan a cabo en condiciones de seguridad teniendo en cuenta los proyectos, sistemas y equipo de los buques tanque para el transporte de gas licuado Las operaciones de bombeo se llevan a cabo conforme a los principios y procedimientos aceptados, y se ajustan al tipo de carga Las operaciones de carga se planifican, incluida la

Figura 5. Ejemplo de cuadro del código STCW.

Lo anterior es de especial relevancia para el diseño de titulaciones náuticas, ya que no sólo determina las competencias a adquirir, sino que también tiene influencia en los contenidos y las metodologías docentes y de evaluación. Todo ello debe aparecer en las memorias de verificación del título en cuestión y tendrá su influencia a la hora de elaborar el plan de estudios y las guías docentes de las asignaturas involucradas.

Parte B: Recomendaciones no obligatorias

La Parte B del Código STCW contiene recomendaciones y directrices que no son obligatorias pero que se consideran buenas prácticas para la implementación del Convenio. Estas recomendaciones están destinadas a ayudar a los Estados Parte a cumplir con las obligaciones del Convenio y a mejorar la formación y la seguridad en el mar.

A la vista de lo anterior queda claro que el Convenio y el Código STCW, constituyen un marco regulador integral que establece estándares globales para la formación, titulación y guardia de la gente de mar.

4.3. Implementación y cumplimiento

Cada Estado miembro de la OMI es responsable de la implementación del convenio STCW dentro de su jurisdicción. Esto implica la promulgación de leyes y reglamentos nacionales que reflejen las normas establecidas en el convenio [22].

La UE ha integrado los principios del STCW en varias directivas y regulaciones, buscando una aplicación uniforme en todos los Estados miembros. La Directiva (UE) 2022/993 [24], por ejemplo, establece los requisitos mínimos de formación para la gente de mar y su adaptación a las enmiendas del STCW.

Por su parte, España ratificó el Convenio STCW en 1980 [25], comprometiéndose a cumplir con sus disposiciones y a adaptar su legislación y prácticas a los estándares establecidos. Desde entonces, ha ordenado y adaptado su normativa para adaptarla al convenio (y sus sucesivas modificaciones) y a las Directivas relacionadas con el nivel mínimo de formación en las profesiones marítimas.

Los Estados miembro también deben establecer sistemas de supervisión y control para garantizar que las instituciones de formación y los procedimientos de certificación cumplan con los requisitos del convenio. En España el órgano encargado de ello es la Dirección General de la Marina Mercante (DGMM) que, entre otras funciones, tiene encomendada la gestión y supervisión de la formación, la expedición de los títulos y certificados profesionales, la realización de las pruebas de idoneidad para la obtención de los diferentes títulos y certificados profesionales, así como la tramitación de los documentos de la gente de mar [26].

Asimismo, a nivel europeo, la Agencia Europea de Seguridad Marítima (EMSA) juega un papel crucial en la monitorización y la evaluación del cumplimiento de estas normativas. Para ello, al igual que la DGMM, lleva a cabo inspecciones y auditorías para garantizar el cumplimiento de las normas del convenio STCW.

4.4. Instituciones de Formación y Certificación

Las instituciones de formación marítima desempeñan un papel crucial en la implementación del convenio STCW. Estas instituciones deben estar debidamente acreditadas y certificadas por las autoridades competentes de cada Estado miembro. Deben ofrecer programas de formación que cumplan con las normas establecidas en el convenio y asegurarse de que sus instructores estén cualificados y experimentados.

En España, los títulos profesionales de la Marina Mercante están regulados por un Real Decreto en el que se indica que, para la obtención del título de oficial, piloto, capitán y jefe de máquinas es necesaria una titulación universitaria de grado o de grado más máster [26].

Actualmente en nuestro país hay siete universidades, entre ellas la Universidad de Oviedo, en las que se ofertan estas titulaciones. En el diseño de los planes de estudio de los mencionados títulos académicos se han integrado las competencias, conocimientos y aptitudes contenidos en las normas definidas en el Convenio STCW. Tanto las memorias de verificación de dichos títulos, como las guías docentes de las diferentes asignaturas, incorporan las competencias exigidas en el convenio.

Como se ha indicado, los Estados miembro deben velar por el cumplimiento del convenio, por lo que los centros son inspeccionados y auditados periódicamente por la DGMM y por la EMSA. Ambos organismos verifican que los centros de formación cumplan no sólo con las normas de competencia a adquirir, sino también con las metodologías de evaluación y docentes. De la misma forma también supervisan el cumplimiento de las exigencias del convenio en lo relativo a equipamientos, instalaciones, profesorado y a la existencia de un sistema interno de calidad, también exigido por la norma. En este sentido, es importante destacar que la Escuela Superior de la Marina Civil de la Universidad de Oviedo fue el primer Centro Superior de la Universidad Pública Española en estar certificado según la norma ISO 9001.

El convenio indica claramente cómo deben adquirirse ciertas competencias; siendo necesario, en algunos casos, el empleo de equipos e instalaciones reales o el uso de simuladores (entornos virtuales de formación).

De la misma forma, se imponen requisitos adicionales a los profesores e instructores por parte del convenio. Esta exigencia ha sido trasladada al ordenamiento normativo español mediante el Real Decreto 269/2022, en el que se indica que: *"En los programas conducentes a la obtención de los títulos académicos para impartir y evaluar las competencias y los conocimientos, indicados en las tablas de las secciones del Código STCW asociados a cada título, se requerirá a los formadores, supervisores y evaluadores el título profesional de la Marina Mercante..."* [26]. Este requisito adicional viene a sumarse a los necesarios y obligatorios de la carrera académica, lo que dificulta la contratación y estabilización de profesorado en las Escuelas de Náutica.

A la vista de lo anterior, queda claro la importante supervisión y control a la que están sometidas, en nuestro país, las titulaciones universitarias conducentes a títulos profesionales de la marina mercante, al depender normativamente de dos ministerios: El Ministerio de Ciencia, Innovación y Universidades y el de Transportes y Movilidad Sostenible (del que depende la DGMM), con normativas, en ocasiones, difíciles de conjugar.

Certificación

Lo explicado anteriormente tiene que ver con lo que denominamos formación reglada. No obstante, el convenio STCW abarca varios tipos de certificación adicional, cada una destinada a diferentes roles y niveles de responsabilidad a bordo de un buque. A modo de ejemplo podemos nombrar los certificados que tratan sobre el manejo de cartas electrónica, o de botes de rescate, o las operaciones de carga en buques gaseros o petroleros, o la gestión de emergencias en buques de pasaje.

Algunos de estos certificados son obligatorios para el desarrollo de la actividad profesional, especialmente los de formación básica en seguridad y lucha contraincendios. Sin embargo, los marinos deben obtener otros certificados que acrediten su competencia en diversas áreas, dependiendo de su rol a bordo. Estos certificados deben ser emitidos por la autoridad competente del Estado del pabellón del buque y deben ser renovados periódicamente.

Los centros de formación (incluidas las universidades) que ofertan estas certificaciones también deben estar debidamente acreditadas y certificadas por las autoridades competentes de cada Estado miembro, que deberán realizar inspecciones y auditorias de cada certificación de forma periódica.

4.5. *Títulos profesionales y certificados de competencia*

La evaluación de la competencia de la gente de mar es un componente fundamental del convenio STCW. Los marinos deben someterse a evaluaciones rigurosas que verifiquen su conocimiento, habilidades y competencias en diversas áreas, según se establece en el convenio. Una vez que han completado con éxito la formación y las evaluaciones requeridas, los marinos reciben certificados que acreditan su competencia y les permiten desempeñar funciones específicas a bordo de los buques.

Comentario aparte merecen los títulos profesionales de la marina mercante (piloto, oficial de máquinas, jefe de máquinas y capitán), para los que el proceso de evaluación es aún más exigente.

Atendiendo a los establecido en el convenio STCW y a la normativa derivada del mismo en España [26], para la obtención del título de piloto de segunda o de oficial de máquinas de segunda de la marina mercante (titulación profesional más baja para la que se requiere título universitario) es necesario disponer del título de grado correspondiente, haber realizado un periodo de embarque como alumno y superar una prueba de idoneidad profesional.

En estos tiempos en los que parece haber acuerdo sobre las bondades de un modelo de formación dual, en el que se combina la formación en centros educativos con formación en empresa, es bueno recordar que la formación de los marinos siempre ha estado regida por esa filosofía.

Actualmente, y a modo de ejemplo, los estudiantes para poder obtener el título de piloto de segunda de la marina mercante necesitan: *"...haber cumplido un periodo de embarco de 12 meses como alumno de puente y cubierta, durante los que realizará cometidos relacionados con la guardia de navegación, en las condiciones reguladas en el capítulo III, sección 2.ª, y en el anexo I para este título, y conforme a los requisitos de las secciones A-II/1, A-II/2.5 y A-II/3 del Código STCW"* [26].

Para verificar que el alumno adquiere las competencias necesarias abordo existe un libro de registro editado por DGMM (libro de formación del alumno) en el que los oficiales responsables (tutores de empresa) deben registrar y firmar las actividades realizadas y la adquisición de todas competencias exigidas a los alumnos.

Por último, y como se ha comentado, el alumno debe: *"haber superado la prueba de idoneidad profesional determinada conforme a las normas de competencia de las secciones A-II/1, A-II/2.5 y A-II/3 del Código STCW"*.

En esta prueba se verifica documentalmente los periodos de embarque realizado y la adquisición de competencias (mediante el libro de formación) y posteriormente un tribunal formado por tres funcionarios del Cuerpo Especial Facultativo de la Marina Civil (DGMM), un vocal designado por el centro docente donde se celebre la prueba de idoneidad, entre los miembros de su personal docente, y un vocal designado por el Colegio de Oficiales de la Marina Mercante Española, verifican que el alumno haya adquirido las competencias exigidas para la obtención de su título profesional [26].

4.6. Retos del STCW

Uno de los principales desafíos que enfrenta el Convenio STCW es la rápida evolución de las tecnologías marítimas. Las nuevas tecnologías, como los sistemas de navegación automatizados y los buques autónomos, incluyendo la digitalización, la automatización y la inteligencia artificial, están transformando la industria marítima. El convenio STCW deberá evolucionar para incorporar estas nuevas tecnologías en sus normas de formación y certificación, asegurando que la gente de mar esté preparada para operar en un entorno cada vez más tecnológico y complejo. Esta necesidad de adaptación constante puede ser costosa y compleja, especialmente para los países en desarrollo con recursos limitados.

Otro desafío significativo es el cumplimiento y la supervisión de los estándares del STCW. Aunque los Estados miembros están obligados a implementar y hacer cumplir estos estándares, existen variaciones en la calidad y la rigurosidad de su aplicación.

Algunos países enfrentan dificultades para mantener sistemas de supervisión efectivos debido a la falta de recursos o infraestructura adecuada, lo que puede comprometer la seguridad marítima global.

El cambio climático y la sostenibilidad también presentan retos para el STCW. La formación marítima debe adaptarse para incluir conocimientos sobre prácticas sostenibles y la gestión de riesgos ambientales. Esto es especialmente importante dado el creciente énfasis en la reducción de emisiones, la gestión de la energía y la protección del medio ambiente marino.

Otro desafío es la promoción de la diversidad y la inclusión en la formación y certificación de la gente de mar. Esto incluye garantizar que las oportunidades de formación y empleo estén abiertas a todos, independientemente de su género, nacionalidad u origen étnico.

Finalmente, la salud y el bienestar de la tripulación son aspectos críticos que requieren atención. La vida a bordo puede ser estresante y aislada, lo que afecta la salud mental de los marinos. Incluir formación sobre bienestar y salud mental en los programas del STCW puede mejorar significativamente la calidad de vida de la tripulación y, en última instancia, la seguridad a bordo.

5

La formación de los marinos y la universidad

5.1. *Breve revisión histórica*

La lección inaugural del curso académico 1998-1999 de la Universidad de Oviedo, realizada por el también profesor de la Escuela Superior de la Marina Civil D. José María Carvajal Casariego, cuyo título fue "Historia de las Enseñanzas Náuticas" [27], realizaba un repaso sobre la historia de la formación de los marinos en España. En ella, aludía a que la palabra "carrera" en su sentido académico posee un origen náutico. Remontándose al siglo XV, indicaba que las disposiciones de la época no ofrecían una titulación náutica de tipo general; había que examinarse específicamente para ir a La Habana, a Buenos Aires, para navegar por el Mediterráneo o para ir al Mar del Norte, de manera que un titulado náutico, por ejemplo, un Piloto, recibía una licencia para, por ejemplo, la "carrera" de La Habana. Como es natural, los marinos no se conformarían fácilmente con tener una sola carrera, siendo valorados aquellos que tenían más carreras.

También se hablaba, en dicha lección inaugural, de los primeros "centros" de formación de marinos, y se remontaba al siglo XV para encontrar la primera entidad gremial para la formación de pilotos: El Colegio de Pilotos Vizcaínos en Cádiz [28].

Asturias también puede presumir de precocidad en lo que a centros de formación marítima se refiere, atendiendo a la creación, por D. Gaspar Melchor de Jovellanos en 1794, del Real Instituto Asturiano de Náutica y Mineralogía [29]. Centro del que fue su primer director D. Francisco de Paula Jovellanos, hermano del ilustrado, que alcanzó el grado de Capitán de fragata y fue profesor de guardiamarinas en El Ferrol [30].

Las enseñanzas náuticas tuvieron un largo periplo a lo largo de la historia hasta que, en 1975, alcanzaron el rango de Enseñanza Superior [31], con el nivel correspondiente al segundo ciclo de la enseñanza universitaria, aunque sin integrarse en el Ministerio de Educación y Ciencia [27]. No es hasta 1988 cuando finalmente produce la integración de la Escuelas Superiores de la Marina Civil en la Universidad española [32].

La integración de los marinos, con unas maneras de proceder que diferían de las formas más académicas de la universidad, no estuvo carente de algunas dificultades y conflictos. A modo de anécdota, y fruto de estos desencuentros podemos recordar que en algunos ámbitos de la institución académica se acuñó una expresión que decía: "*los marinos han entrado en la universidad, pero la universidad no ha entrado en los marinos*".

5.2. Los campos del saber y la formación marítima

La palabra "Universidad" procede del latín universĭtas, -ātis 'universalidad, totalidad', 'colectividad', 'gremio, corporación' [33].

Atendiendo a lo anterior, la Universidad debería, por lo tanto, encaminarse hacia la unidad, en su caso del saber, lo que requiere la extensión de su ámbito a todos los campos del conocimiento. Hablamos de una unidad corporativa, que reúne a profesores y estudiantes, y la del saber o saberes [34].

De hecho, hoy nos presentamos aquí como unidad, la Universidad de Oviedo, reuniendo a todos los colectivos de la misma, con representación de todos los campos de conocimiento.

Por otra parte, hemos visto anteriormente las exigencias normativas sobre la formación de los marinos, pero ¿cómo es el encaje de esa formación en el concepto de universidad tal como se ha descrito?

Todavía, y a nuestro parecer de forma equivocada, hay quien cuestiona la integración de estos estudios en la universidad, al entender que su dependencia de una normativa internacional ajena a la universidad, así como a una supervisión también ajena (DGMM y EMSA), plantea dificultades organizativas.

A nuestro parecer, y como justificaremos a continuación, la trasversalidad de las competencias a adquirir por los marinos hace que en su formación estén involucrados prácticamente todos los campos del saber que conforman la universidad.

Ingenierías

Como es bien sabido, los estudios de náutica se encuentran enmarcados en el área de conocimiento de ingenierías y arquitecturas. Prácticamente todas las especialidades de la ingeniería tienen presencia en los planes formativos de los marinos.

El convenio STCW incluye competencias relacionadas con sistemas eléctricos y electrónicos. Los marinos deben estar capacitados en generación, distribución y protección eléctrica, así como en la gestión de fallos y emergencias eléctricas. Requieren, además, conocimientos de las normas internacionales y nacionales de seguridad eléctrica y de los procedimientos de emergencia en caso de fallos en sistemas eléctricos. Deben, además, estar familiarizados con los principios básicos de la electrónica, y se espera que comprendan el manejo y mantenimiento de equipos electrónicos cruciales, como radares, sistemas de comunicación por radio, y equipos de navegación GPS.

El STCW también requiere que los marinos adquieran competencias en sistemas automáticos y de control, incluyendo el manejo de sistemas de control distribuido y sistemas de monitoreo y control de maquinaria. Además, el convenio subraya la importancia de entender la lógica de control, los sensores y actuadores, y los sistemas de monitoreo y diagnóstico.

Los principios de la termodinámica, ingeniería energética y de la trasmisión de calor son fundamentales para operar y mantener sistemas de propulsión, refrigeración, generación de energía y calefacción a bordo de los buques.

La eficiencia energética, que tanto protagonismo ha adquirido en los últimos años, siempre han sido de vital importancia para unos profesionales que sólo disponen de la energía que pueden generar. Por otra parte, una buena gestión energética conlleva un menor consumo de combustible (reducción de los costos operativos) y por tanto una disminución de emisiones.

De la misma forma, los conocimientos de mecánica de fluidos son vitales para la navegación, así como comprender los fenómenos que influyen en la resistencia al avance y la estabilidad del buque. También es importante para la operación de equipos hidráulicos y neumáticos, bombas, sistemas de tuberías y de control de flujo, y la gestión de los sistemas de combustible y lubricación.

El STCW especifica que los oficiales de la marina mercante deben recibir formación en varias áreas relacionadas con la ciencia de materiales y la ingeniería de fabricación. Comprender las propiedades físicas y químicas de los materiales, así como sus comportamientos bajo diferentes condiciones y expuestos a fenómenos como la corrosión, la fatiga y las altas tensiones mecánicas es fundamental.

La formación marítima también aborda las técnicas de fabricación que se emplean en la industria naval. Esto incluye procesos como la soldadura, fundición y moldeo, el mecanizado y la fabricación de componentes estructurales. Los marinos reciben formación sobre cómo utilizar de manera segura y efectiva estas técnicas.

La informática y las telecomunicaciones también juegan un papel importante en la labor desarrollada a bordo de los buques. El STCW exige que los marinos adquieran habilidades en el uso de equipos de comunicación marítima, incluyendo el GMDSS. Este sistema es fundamental para la comunicación en situaciones de emergencia, permitiendo la transmisión de señales de socorro, la coordinación de operaciones de búsqueda y rescate, y la recepción de avisos de navegación y meteorología. Además, el convenio requiere conocimientos sobre las frecuencias de radio específicas para comunicaciones marítimas y el uso de dispositivos de comunicación por satélite.

De la misma forma, deben estar familiarizados con los sistemas de información electrónica, software de navegación, bases de datos de mantenimiento y gestión de la carga. Por otra parte, la inteligencia artificial, el machine learning, los gemelos digitales y la ciberseguridad marcarán el trabajo de los marinos en el futuro próximo.

La ingeniería mecánica, el mantenimiento industrial, la gestión de proyectos o el cálculo estructural también son fundamentales para que los profesionales a bordo dispongan de los conocimientos y habilidades necesarios para asegurar el funcionamiento seguro y eficiente de los equipos y sistemas a bordo, tal y como subraya el convenio STCW.

Por último, el convenio indica la necesidad de que los marinos alcancen múltiples competencias relacionadas con la construcción naval, la navegación, la maniobra de buques, la estiba, la seguridad marítima y el salvamento y rescate; pero también con la cartografía y la meteorología.

Ciencias

Las matemáticas, la física y la química son una base fundamental de la formación marítima.

La física aplicada se manifiesta en múltiples aspectos de las operaciones marítimas. Un ejemplo es la navegación, donde el conocimiento de la dinámica de fluidos es crucial para comprender y predecir el comportamiento del barco en el agua, incluyendo la resistencia al avance y la estabilidad en distintas condiciones meteorológicas. Además, las leyes de la termodinámica se aplican en la gestión de los sistemas de propulsión y energía a bordo, optimizando el rendimiento de los motores y garantizando el uso eficiente del combustible.

La física también es esencial en la seguridad de la carga, donde las fuerzas y momentos deben ser calculados para asegurar una estiba correcta y evitar el desplazamiento durante el viaje. Además, los conocimientos de ondas y electromagnetismo son de aplicación en muchos equipos del puente.

De la misma forma, las matemáticas son esenciales para el cálculo de posiciones, demoras y distancias. Los oficiales de navegación utilizan fórmulas matemáticas para determinar la latitud y longitud, empleando técnicas como la trigonometría esférica. Además, las matemáticas son fundamentales para calcular mareas y corrientes, lo que es vital para planificar rutas seguras y eficientes.

Las matemáticas se aplican también en todo tipo de cálculos ingenieriles, en el diseño y mantenimiento de sistemas de propulsión, energía y otros equipos a bordo. Se utilizan cálculos matemáticos para asegurar que los sistemas operen dentro de los parámetros seguros y eficientes.

En cuanto a la seguridad, las matemáticas son igualmente cruciales para la gestión de cargas y estabilidad del buque, garantizando que el buque pueda resistir condiciones adversas sin comprometer su integridad.

Por otra parte, la manipulación y almacenamiento de productos químicos peligrosos en barcos requiere un conocimiento profundo de sus propiedades y riesgos asociados. El STCW incluye formación específica sobre la gestión de sustancias químicas, incluyendo combustibles, lubricantes y productos de limpieza, para prevenir accidentes y minimizar el impacto ambiental. Además, es fundamental para los tripulantes de buques gaseros, petroleros o quimiqueros.

Además de la química, la biología es fundamental en la operación de sistemas de tratamiento de aguas de lastre, crucial para evitar la transferencia de especies invasoras entre ecosistemas marinos [35]. También en la lucha contra el biofouling, para no perjudicar la resistencia al avance del buque y el consumo del mismo, los conocimientos de biología cobran especial importancia.

Finalmente, la química también es vital en el ámbito de la prevención y respuesta a incendios a bordo. La formación STCW abarca el conocimiento de agentes extintores y sus reacciones químicas, permitiendo una intervención efectiva y segura en caso de emergencia.

Ciencias económicas y empresariales

Como ya ha quedado expuesto, el transporte marítimo es una actividad comercial fundamental en la economía mundial.

Dentro del STCW, se enfatiza la necesidad de comprender los aspectos económicos y comerciales de la operación marítima. Esto incluye conocimientos sobre la gestión financiera, administración de recursos, costos operativos y planificación presupuestaria. Los marinos deben estar familiarizados con las prácticas de gestión empresarial que aseguren la eficiencia y rentabilidad de las operaciones, así como con las técnicas de análisis económico que permitan la toma de decisiones informadas.

Además, el STCW destaca la importancia de la comprensión de los contratos marítimos, la legislación internacional y las políticas comerciales que afectan al sector. Este conocimiento es esencial para la negociación de acuerdos comerciales, la gestión de riesgos y el cumplimiento de las normativas internacionales.

Ciencias de la salud

En el ámbito de los conocimientos médicos, el convenio STCW exige que todo el personal marítimo posea habilidades y conocimientos básicos en primeros auxilios y atención médica de emergencia.

Los marinos deben estar capacitados para manejar situaciones de emergencia médica hasta que se pueda obtener ayuda profesional. Esto incluye la capacidad de realizar reanimación cardiopulmonar (RCP), tratar heridas, quemaduras y fracturas, así como reconocer y actuar frente a síntomas de enfermedades comunes a bordo. Además, los oficiales de alto rango, como los capitanes, deben tener una formación más avanzada en atención médica, permitiéndoles tomar decisiones críticas en situaciones de mayor complejidad.

La formación médica según el STCW se divide en diferentes niveles, comenzando con la formación básica en primeros auxilios, seguida de una formación avanzada en atención médica a bordo, y finalmente, una formación en coordinación de evacuaciones médicas. Estas competencias son vitales para la seguridad y bienestar de la tripulación, especialmente en un entorno aislado como el marítimo, donde el acceso a servicios médicos puede ser limitado.

Arte y Humanidades

Uno de los aspectos cruciales del STCW es el conocimiento de idiomas, específicamente el inglés, debido a su estatus como lengua franca en la navegación internacional. El inglés es esencial para garantizar la seguridad y eficiencia en la comunicación a bordo y con las autoridades marítimas internacionales. Las normas requieren que los marinos tengan habilidades lingüísticas suficientes para cumplir con sus deberes de manera efectiva.

Por ello, los programas de formación conforme al STCW incorporan módulos específicos para desarrollar competencias lingüísticas en inglés.

Siguiendo en el contexto de las humanidades, el convenio subraya la importancia de comprender aspectos sociales, éticos y culturales que son cruciales para la vida a bordo y la interacción con diversas culturas.

Además, aborda la necesidad de la sensibilización cultural y el respeto por la diversidad, factores que son fundamentales en el ámbito marítimo, donde los marinos interactúan con personas de diversas nacionalidades y culturas. La inclusión de estos conocimientos de humanidades en la formación marítima contribuye a la creación de una cultura de seguridad y eficiencia, mejorando no solo la vida a bordo sino también las operaciones marítimas en general.

Por supuesto, no se puede dejar de destacar que expresiones artísticas como la música, el cine, pero especialmente la literatura han jugado un papel crucial en la vida de los marinos a lo largo de la historia. Para ellos, los libros no solo son una fuente de entretenimiento durante los largos viajes, sino también una herramienta esencial para el aprendizaje y el desarrollo personal. La literatura permite a los marinos escapar de la monotonía del mar ofreciendo una forma de evadirse, proporcionando un respiro mental y emocional.

Derecho y Ciencias jurídicas

La formación de los marinos requiere un profundo conocimiento del derecho marítimo que regula las actividades y relaciones jurídicas en el mar. Este conocimiento es crucial para asegurar que los marinos operen dentro del marco legal y eviten conflictos legales. El derecho marítimo abarca una variedad de áreas, incluyendo la regulación de la navegación, la seguridad marítima, el comercio marítimo y la protección del medio ambiente marino.

Los marinos deben ser conocedores de cómo se divide el espacio marítimo desde el punto de vista normativo, y de la administración marítima y sus funciones.

Como se señala en el convenio STCW, los profesionales marinos deben ser conocedores de las reglas, normas y convenios internacionales (como los que hemos visto anteriormente) que regulan el transporte marítimo. Esto es de vital importancia ya que establecen los derechos y obligaciones en temas tan relevantes como el rescate de personas o bienes en el mar, la protección del medio marino, la prevención de colisiones y aseguramiento de una navegación segura.

Asimismo, el conocimiento de los contratos marítimos, como los contratos de fletamento y de transporte de mercancías, es esencial para los marinos que participan en el comercio marítimo.

Psicología

Uno de los aspectos clave del STCW es la gestión de recursos del puente (BRM, Bridge Resource Management), que enfatiza la importancia de la psicología en la navegación y operación de buques. El BRM aborda temas como la comunicación efectiva, el trabajo en equipo y la toma de decisiones bajo presión, todos los cuales son fundamentales para evitar errores humanos y accidentes.

Además, el STCW subraya la necesidad de que los marinos comprendan y manejen el estrés, la fatiga y otros factores psicológicos que pueden afectar su rendimiento. La capacidad de reconocer los síntomas del estrés y la fatiga, y de implementar estrategias para mitigarlos, es crucial para mantener la seguridad a bordo.

El convenio también promueve la educación en habilidades interpersonales y liderazgo, reconociendo que un liderazgo eficaz y una buena moral de la tripulación son esenciales para el funcionamiento armonioso de un buque. En resumen, los conocimientos de psicología en el STCW son vitales para garantizar que los marinos estén preparados no solo técnica, sino también mental y emocionalmente para sus responsabilidades en el mar.

Los títulos universitarios de formación marítima

Todo lo indicado anteriormente se plasma en los títulos de grado y máster impartidos en las escuelas de náutica, en los que participan profesores de un amplio número de departamentos con representación de prácticamente todos los campos del saber.

Lo anterior permite una formación integral de los marinos que además dé perfecto cumplimiento al convenio de formación, titulación y guardia para la gente de mar.

6

Reflexiones finales

Los marinos desempeñan un papel crucial en la economía mundial al asegurar el transporte eficiente de bienes y materias primas a través de los océanos. Representan el pilar del comercio global, ya que aproximadamente el 90% de las mercancías se transportan por vía marítima. Su labor permite el flujo constante de productos esenciales impulsando así el desarrollo económico y la estabilidad de los mercados internacionales. Además, la industria marítima genera millones de empleos directos e indirectos, contribuyendo significativamente al crecimiento económico.

El Convenio STCW es fundamental para asegurar que la gente de mar esté adecuadamente preparada para enfrentar los desafíos del entorno marítimo. La formación y certificación bajo este convenio no solo mejoran la seguridad y eficiencia operativa, sino que también contribuyen significativamente a la protección del medio ambiente y la sostenibilidad del comercio marítimo global.

La implementación efectiva del convenio STCW a nivel internacional requiere una cooperación continua y estrecha entre los Estados miembros, la OMI y las partes interesadas de la industria. Lo anterior garantizará la movilidad de la gente de mar y una mayor estandarización en la formación y certificación a nivel internacional. En el futuro, será esencial fortalecer esta cooperación para abordar los desafíos emergentes y asegurar que las normas del convenio sigan siendo relevantes y efectivas.

El futuro del Convenio STCW probablemente estará marcado por la digitalización, y la formación continua será esencial para mantenerse al día con los avances tecnológicos y normativos. La integración de tecnologías digitales y simulaciones virtuales puede revolucionar la formación marítima, haciéndola más accesible y efectiva.

El enfoque en la sostenibilidad también será fundamental. La incorporación de prácticas sostenibles y eco-amigables en los programas de formación puede preparar a los marinos para operar de manera más responsable y reducir el impacto ambiental de la industria marítima. Esto incluye la gestión de residuos, la eficiencia energética y la reducción de emisiones.

La integración de los estudios de náutica en la universidad garantiza una formación integral y de calidad que se traduce en marinos altamente capacitados y competentes para operar de manera segura y eficiente.

Las exigencias de formación especializada y multidisciplinar de los marinos requieren de formadores expertos altamente cualificados, con capacidad de rápida adaptación a los avances tecnológicos y normativos, lo que se garantiza desde un entorno universitario obligado a actualizarse continuamente y al que contribuyen todos los campos del saber.

Bibliografía

[1] J. Sánchez Beaskoetxea, "Los vivos, los muertos y los marinos mercantes", *Recalada: Revista de divulgación marítima*, nº 136, pp. 6-7, 2013.

[2] H. Amat Olazábal, "Evolución humana y el ADN mitocondrial (II)", *Investigaciones sociales año XII*, nº 21, pp. 103-144, 2008.

[3] A. Lindenlauf, "The Sea as a Place of No Return in Ancient Greece." *World Archaeology*, 35, nº 3, pp. 416–33, 2003.

[4] M. Manotupa Gómez, "Portus, Classe Naviculariusque: Roma y el control del mar Mediterráneo (s. VI a.C- IV d.C)." *Revista de historia (Concepción)*, vol.26, nº 1, 2019.

[5] Plutarco, Vidas de Sertorio y Pompeyo. España: Ediciones Akal, 2004.

[6] O. González de Cardenal, "Navegar es necesario - vivir no es necesario: Reflexión sobre el sentido de la ética", *Salmanticensis*, vol. 43, nº 3, pp. 365-394, 1996.

[7] E. Aranda, "Magallanes - Elcano. La primera circunnavegación al mundo", *Revista de Marina,* nº 977, pp.13-18, 2020.

[8] J.M. Valdaliso, "La transición de la vela al vapor en la flota mercante española: cambio técnico y estrategia empresarial", *Journal of Iberian and Latin American Economic History*,10(1), pp. 63-98, 1992.

[9] A. Essa, O. Ali, *Estudios sobre civilización islámica la contribución de los musulmanes al renacimiento*. Herndon, VA, USA: The International Institute of Islamic Thought, 2014.

[10] *Review of Maritime Transport, 2022*, United Nations Conference for Trade and Development (UNCTAD), United Nations, Geneva, 2022.

[11] *Review of Maritime Transport, 2023*, United Nations Conference for Trade and Development (UNCTAD), United Nations, Geneva, 2023.

[12] G. Srinath, S. Sumath, "A Study on Employee Life Style of Marine Workers", *International Journal of All Research Education and Scientific Methods (IJARESM)*, vol. 10, (7), pp. 1694-1696, 2022.

[13] *Seafarer Workforce Report: The Global Supply and Demand for Seafarers in 2021*, BIMCO/ICS, Witherby Publishing Group Limited, UK, 2021.

[14] *The Key Role of Seafarers in National Economies in a Net-zero World*, Institute of the Americas, University de California San Diego, 2023.

[15] R. Witthohn, *International Shipping. The Role of Sea Transport in the Global Economy,* Wiesbaden: Springer Fachmedien Wiesbaden, 2023.

[16] *The EU Blue Economy Report. 2024*, European Commission Publications Office of the European Union, Luxembourg, 2024.

[17] J. E. Pérez García, "El sector marítimo en la economía y el comercio", *ICE*, Nº 901, 2018.

[18] F. Fernández, D. Herrera, D. Olay, "Actividad pesquera y puertos pesqueros en Asturias", *Ambienta*, 111, MITECO, 2015.

[19] Convenio SOLAS, *Edición Refundida de 2020*, International Maritime Organization (IMO), London, UK, 2020.

[20] *International Convention for the Prevention of Pollution from Ships (MARPOL),* International Maritime Organization (IMO) London, UK, 2022.

[21] *Orientaciones para la aplicación del Convenio sobre el trabajo marítimo*, Organización Internacional del Trabajo, Ginebra, 2006.

[22] *Convenio Internacional sobre Normas de Formación, Titulación y Guardia para la Gente de Mar (STCW)*, International Maritime Organization (IMO), London, UK, 2017.

[23] P. McCarter, "STCW '95: implementation issues: What is the pass mark?", *Marine Policy*, vol. 23 (1), pp.11-24, 1999.

[24] *DIRECTIVA (UE) 2022/993 del Parlamento Europeo y del Consejo de 8 de junio de 2022 relativa al nivel mínimo de formación en las profesiones marítimas* (versión codificada).

[25] *Instrumento de adhesión, de 11 de octubre de 1980 de España al Convenio Internacional sobre normas de Formación, Titulación y Guardia para la Gente del Mar, 1978, hecho en Londres el 7 de julio de 1978*, BOE núm. 267, de 7 de noviembre de 1984, páginas 32074 a 32116.

[26] *Real Decreto 269/2022, de 12 de abril, por el que se regulan los títulos profesionales y de competencia de la Marina Mercante*, BOE núm. 88, de 13 de abril de 2022, páginas 51440 a 51512.

[27] J.M. Carvajal Casariego, *Historia de las enseñanzas náuticas*, España: Servicio de Publicaciones de la Universidad de Oviedo, 1998.

[28] F. Piniella, "La enseñanza técnica del marino Mercante en España: una revisión Histórica", *Historia de la educación*, 36, pp. 229-252, 2017.

[29] N. Nieto Fernández, "Repertorio bibliográfico del Real Instituto Asturiano de Náutica y Mineralogía de Gijón (1794-1994)", *Cuadernos De Estudios Del Siglo XVIII*, (3-4), pp. 91-101, 1994.

[30] S. Prieto. "Jovellanos: la educación como necesitad, la Ilustración como deber", *Revista de Humanidades,* 10(2), pp.177-198, 2011.

[31] *Decreto 1439/1975, de 26 de junio, sobre calificación de las enseñanzas de la carrera de Náutica, BOE* núm. 158, de 3 de julio de 1975, páginas 14439 a 14440.

[32] *Ley 23/1988, de 28 de julio, de Modificación de la Ley de Medidas para la Reforma de la Función Pública*, BOE núm. 181, de 29 de julio de 1988, páginas 23401 a 23405.

[33] REAL ACADEMIA ESPAÑOLA: Diccionario de la lengua española, 23.ª ed., [versión 23.7 en línea]. <https://dle.rae.es> [25/07/2024].

[34] M. Agís Villaverde. "Los orígenes de la universidad en Europa y los desafíos del futuro", *IX Encontros internacionais de filosofía no Camiño de Santiago*, pp. 183-196, 2008.

[35] *Ballast Water Management Convention and BWMS,* International Maritime Organization (IMO), London, UK, 2018.